威风的虎大王

小学童探索百科编委会·著
探索百科插画组·绘

北京日报出版社

目 录

智慧汉字馆

“虎”字的来历 / 汉字小课堂 /4

汉字演变 /5

百科问答馆

老虎的身体有什么特点？ /6

老虎是剑齿虎的后代吗？ /8

为什么老虎身上的花纹是条状的？ /10

老虎是怎样捕猎的呢？它们的食量是不是很大？ /12

老虎有哪些捕猎的“武器”？ /14

老虎只吃肉吗？它们会袭击人吗？不捕猎时它们会干什么呢？ /16

为什么“一山不容二虎”呢？ /18

小老虎是怎么成长和学习捕猎本领的呢？ /20

老虎是不是像猫咪一样不喜欢游泳？它们真的不会爬树吗？ /22

老虎只生活在森林中吗？ /24

老虎和狮子谁更厉害？ /26

目前世界上有多少种老虎？ /28

探索新奇馆

那些毛色不同的老虎 /30

狮虎兽和虎狮兽 /32

文化博物馆

虎贲和虎威 /34

调动千军万马的虎符 /35

百兽之王的传说 /36

杨香扼虎救父 /37

虎头鞋的传说 /38

名诗中的虎 /40

名画中的虎 /42

成语故事中的虎 /44

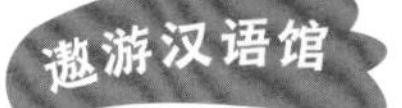

虎的汉语乐园 /48

游戏实验馆

色彩消失啦 /52

老虎知识大挑战 /54

词汇表 /55

小小的学童，大大的世界，让我们一起来探索吧！

我们是探索小分队，将陪伴小朋友们一起踏上探索之旅。

我是爱提问的 **汪宝**

我是爱动脑筋的 **咪宝**

我是无所不知的 **龙博士**

“虎”字的来历

老虎被称为“百兽之王”，它们尖牙利齿，通常黄色的皮毛上有一道道漂亮的条纹，粗壮的四肢和长长的尾巴力量十足，脑门上的条纹图案形似汉字“王”，一看就十分霸气凶猛。

“虎”是一个象形字，从甲骨文字形上可以很清楚地看到一只老虎的形象，整体是头在上、尾在下的侧立姿势，张开大嘴，露出尖牙，身后的长尾巴翘起，强壮的身躯上还有几道花纹，脚上利爪突出，十分形象。老虎在中国的传统文化中，一直象征着勇猛、威严、胆量和气魄，所以，人们常用老虎来形容军人的勇敢和坚强，如虎将、虎士等。而在民间，人们也相信老虎的威力能吓退妖邪、护佑平安，有些地方有给小孩子戴虎头帽、穿虎头鞋的习俗，就是出于此。

老虎是天生的猎手，只生活在亚洲地区，目前有 6 个地理亚种。虽然它们威风凶猛，但由于栖息地被破坏和人类的捕杀，近年来已成为珍稀濒危动物。

汉字小课堂

为什么人们要把虎叫“老虎”呢？在汉语中，“老虎”中的“老”字并不是指年老，而是作为词的前缀，常加在某些动植物名前构成多音节词，并没有实际的意思，像“老鼠”“老鹰”“老倭瓜”等。

汉字演变

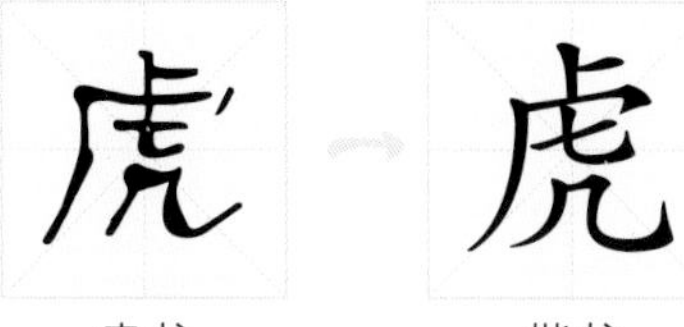

甲骨文 → 金文 → 小篆 → 隶书 → 楷书

额头有“王”字，身披花大衣

一声长啸，威震山林

我就是“百兽之王”

老虎

老虎的身体有什么特点?

老虎是目前野生猫科动物中体形最大的一种，其中成年东北虎的体长能达到 3.5 米左右，体重约达 400 千克。

头部 圆形，额头上有“王”字形的花纹，下眼眶有醒目的白斑。脸颊的四周有较长的颊 (jiá) 毛。嘴边有几排长的虎须。

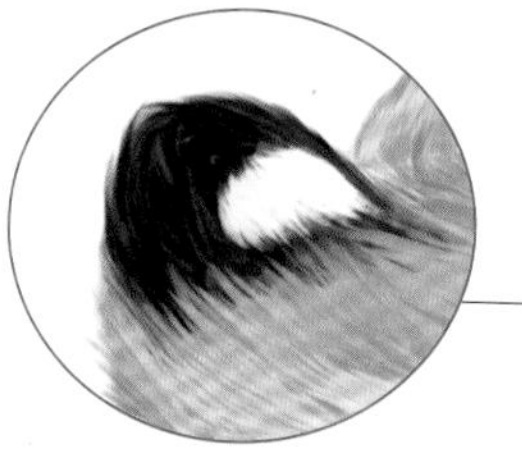

耳朵 较短，呈半圆形，耳背黑色，中间有一块明显的白斑。

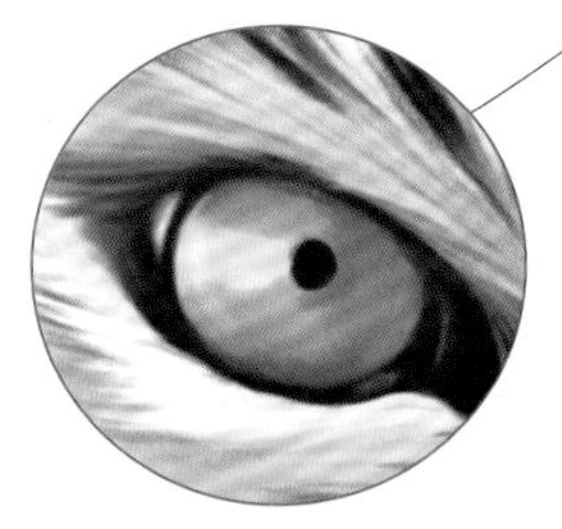

眼睛 黄绿色，瞳孔为圆形，在强光下会收缩为很小的针眼状。

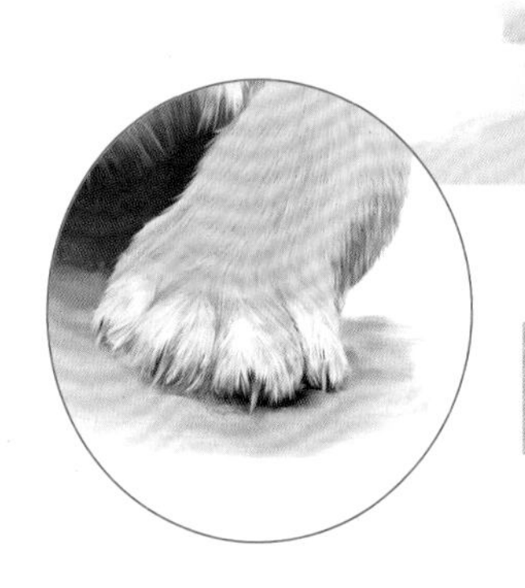

脚掌 宽大有力，前端尖爪锋利无比，可以伸缩。

肩胛骨宽大

头骨庞大

约有 28 节尾椎骨

前肢骨比后肢骨更粗壮

趾骨有力，为趾行动物

老虎的骨骼示意图

皮毛　毛色浅黄至橘黄色，并有黑色或深棕色的条纹，一直延伸到毛色乳白的胸腹部。

尾巴　又粗又长，并有黑色的环纹，尾尖通常是黑色的。主要起平衡作用。

四肢　强壮有力，前肢比后肢更为强健。

老虎是剑齿虎的后代吗？

剑齿虎是已经灭绝了的史前食肉动物，它那两把尖刀一样的犬齿突出嘴外。虽然与老虎长得很像，但剑齿虎并不是老虎的祖先。它们虽然名字里都有“虎”字，但老虎属于豹亚科家族，而剑齿虎属于剑齿虎亚科家族，只是“表兄弟”关系，有着同一个祖先，名叫古猫兽。古猫兽在进化过程中，分别进化出了犬、熊、剑齿虎和现代猫科动物等不同的分支。

剑齿虎在大约 1 万年前就灭绝了。根据化石研究，虎起源于 200 万年前，当时在我国北部出现了一种似豹又似虎的小型动物，被称为古中华虎，又叫中华祖虎。大约 10 万年前，现代虎的祖先出现在黄河流域，后来向西北、东北和南方三个方向扩散，进化出了不同的地理亚种。不过，一些亚种现在已经灭绝了，目前世界上只剩下 6 个虎亚种，分布在亚洲十多个国家。

史前的剑齿虎十分凶狠，有着长长的犬齿和短短的尾巴。它们会成群结队地合作猎杀比自己大得多的动物。这头陷到水潭里的猛犸象就是剑齿虎的狩猎目标。

古猫兽（很多现代食肉动物的共同祖先）
始猫（所有猫科动物的古老祖先）
假猫（剑齿虎亚科和现代猫科动物的祖先）
中华祖虎（最早的虎形动物）
现代老虎

为什么老虎身上的花纹是条状的?

老虎大多有一身浅黄至橘黄色的皮毛，身上饰有深色的条状花纹，看上去十分漂亮和威风。不过，这可不是老虎爱美，而是它们的一种隐身战术。野外的老虎平时总在山林中活动，当阳光穿过树枝或高高的草丛照射下来，会在低矮的地方形成条状的影子，这和老虎身上的条状花纹十分接近。当老虎在树林或草丛中穿行时，能很好地和周围环境融为一体，仿佛隐身了一般，猎物们就会很难发现老虎的身影，老虎捕起猎来就更方便了。因此，老虎身上的条状花纹对它们的生存和捕猎是很重要的。

老虎身上的花纹和草木投下的阴影融为一体，起到很好的隐身作用。即使剃去毛发，它们的皮肤上也同样有着深色条纹哦。

老虎身上两种主要的条纹

猎物眼中的老虎

人眼中的老虎

探索早知道

虽然老虎身上的条状花纹是模拟光影效果，但金黄毛色的老虎在绿色的环境中看上去仍然非常显眼。事实上，很多食草动物的眼睛只能分辨蓝色和绿色，是看不到金黄色的，所以老虎在它们眼里并不像我们人眼看到的那样突出。

老虎是怎样捕猎的呢？它们的食量是不是很大？

老虎最常用的捕猎方法是伏击和跟踪。当老虎发现附近有猎物活动时，会埋伏起来，等待猎物走近，然后突然跃起扑向猎物，用强壮有力的前爪将猎物扑倒，接着用锋利的尖牙咬断猎物的喉咙。老虎有着敏锐的视觉和嗅觉，可以根据足迹、气味等一路跟踪寻找猎物。一旦发现目标后，它们会压低身体，一点一点匍匐前进，等距离足够近了，便猛地跃起，实行捕杀。

一只野生成年老虎每次能吃掉 17~22 千克的肉，体形大的能吃 30 千克左右，食量可真不小啊。老虎捕获了猎物后，会把它拖到附近一处隐蔽的地方，静静享受美食。老虎喜欢吃鲜肉，但如果猎物过大，一次吃不完，它们也会将猎物就地藏起来，然后在几天内重返这里继续享用。不过，老虎藏起的猎物通常会被其他动物偷吃掉，所以它们也只能再次捕猎了。

❸ 老虎扑向猎物时，常常先从其后部袭击，然后到背部、肩部再到脖子。

❹ 最后，老虎一口咬住猎物的喉咙或后颈，用利齿杀死猎物。

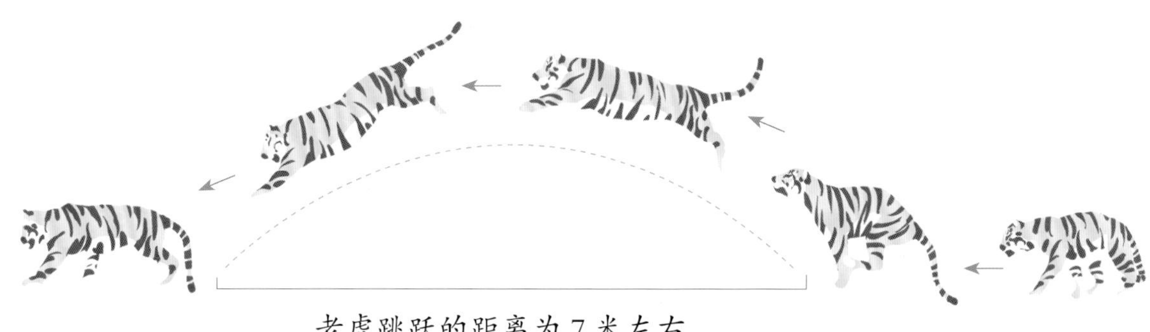

老虎跳跃的距离为 7 米左右。

❶ 在捕猎的时候，老虎一开始必须尽可能地接近猎物，这样才有成功的机会。

❷ 接近猎物之后，老虎会绷紧身体，然后突然从地面跃起，猛地扑向猎物。

老虎虽然是“兽中之王”，不过捕猎的成功率通常只有 5%~10%。因为老虎是独自捕猎，奔跑快但耐力不足，短时间内追不上猎物就会放弃。另外，猎物的种类、大小以及所在环境，也会影响成功率，如东北虎在猎杀鹿时，10 次中可以成功 3~4 次，这可相当厉害了。

老虎有哪些捕猎的“武器”？

老虎是自然界中顶级的猎食者之一，有“天生的杀手”和“独行侠”的称号。它们为捕猎配备了各种“秘密武器”。现在，我们就一起来看看吧。

致命的利爪

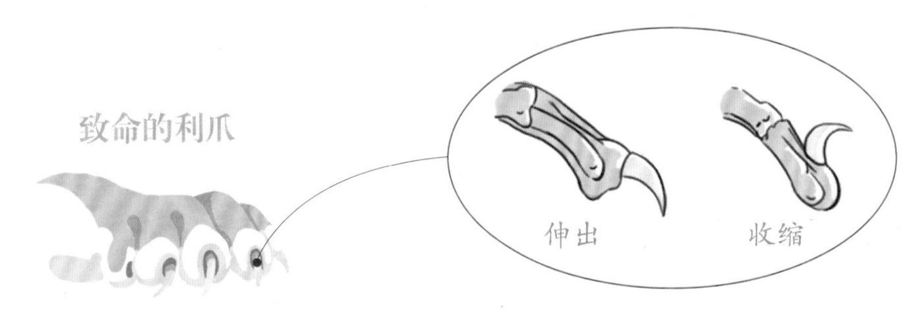

老虎捕猎时会伸出弯曲的利爪，其爪子能长达 11 厘米，可以轻松抓住猎物。这些利爪还能像猫咪的爪子那样伸缩自如。

强大的咬合力

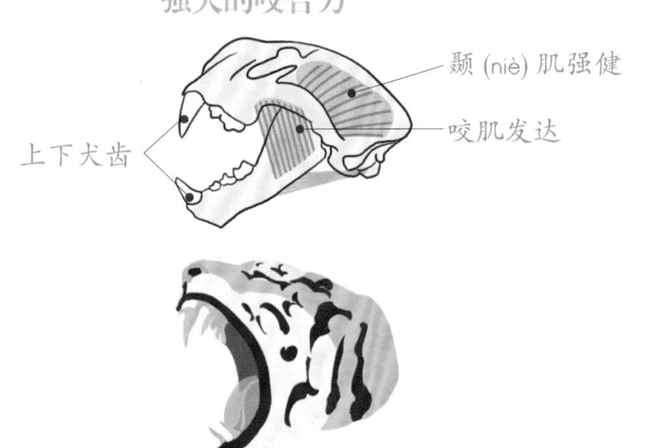

虎嘴的咬合力能达到 450 千克以上，可以一下咬断猎物的脖子。

巨大的掌力

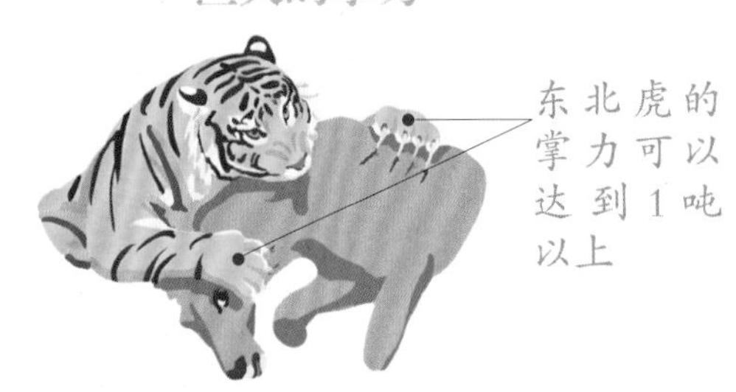

老虎捕杀猎物时，通常会先用巨掌从后方将猎物扑倒。

敏锐的视觉

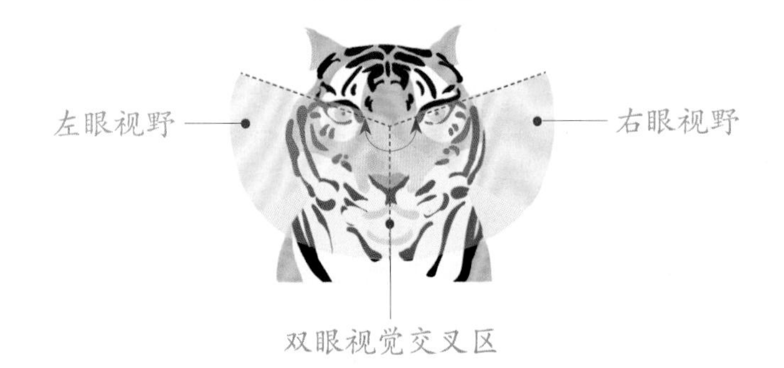

老虎的视野很宽阔，视力也极佳，晚上的视力约是人类的 6 倍。

带刺的舌头

老虎的舌头上长满“倒刺”，像无数锋利的小刮刀，可以将猎物的肉从骨头上刮下来。

嗷呜！！
老虎的犬齿是目
前猫科食肉动物中最长
的，它们就像一对尖利的
匕首，能轻易咬穿猎物
的皮肤和喉咙。

老虎只吃肉吗？它们会袭击人吗？不捕猎时它们会干什么呢？

老虎捕杀的对象主要是各种中大型食草动物，如野牛、印度黑羚、野猪、鹿、狍（páo）子、麂（jǐ）等，有时也会捕捉鸟类、猴子、鱼等小动物来充饥，甚至还会吃浆果和大型昆虫。为了帮助消化，它们还会像猫咪一样时不时啃点青草。一般情况下，老虎不会主动攻击人类。不过年老或者体弱多病的老虎，因为无力捕捉健壮的野生猎物，会对家畜下手，甚至还会袭击人。另外，老虎的报复心很重，如果有人攻击过它们，它们会记仇，可能会成为名副其实的“杀人虎”。所以，即使我们去野生动物园观览，也要注意听从工作管理人员安排，千万不能私自靠近老虎。

不捕猎时，老虎当然是睡觉和休息啦，它们每天的睡觉时间可以达到 16 个小时。毕竟猎杀鹿、牛等动物，需要付出巨大的体力，所以老虎要抓紧时间养精蓄锐。它们白天一般会在山洞或密林中休息，黎明、傍晚或夜间出来捕食，这时光线昏暗，有利于它们更好地隐蔽。

成年老虎轻易不会
去招惹浑身长刺的豪猪，
但没有经验的年轻老虎会冒
险行事，往往会被豪猪的尖刺
扎伤面部或腿等地方，有时
会因为严重的感染而丢
掉性命。
食谱
爱吃的
鹿
狍子
野猪
印度黑羚
鹿
野牛
甜点
河蟹
蛇
蛙
鱼
鸟
偶尔吃
果子狸
猴子
豪猪
哎哟……
哼！

为什么"一山不容二虎"呢?

老虎是独来独往的动物，有着很强的领地意识。它们一旦发现有同类进入自己的领地，就会立刻发起猛攻，驱赶它们，不会和另一只虎分享领地。原因之一是老虎的食量很大，而一片区域内的猎物数量有限，如果几只老虎同时生活在同一区域内，猎物会不够吃，老虎就要饿肚子啦。因此，每只老虎都需要确保自己拥有一块足够大的领地，让自己能有足够的食物吃，所以就只能"一山容一虎"了。不过，这一般是指同性老虎领地之间不能相交，在自然界中，雄虎的领地常会覆盖雌虎的领地，它们一般也不会发生冲突。

老虎常常通过撒尿和在树干上留下抓痕来标记自己的领地，警告其他同类不得进入。

三种老虎领地大小的比较

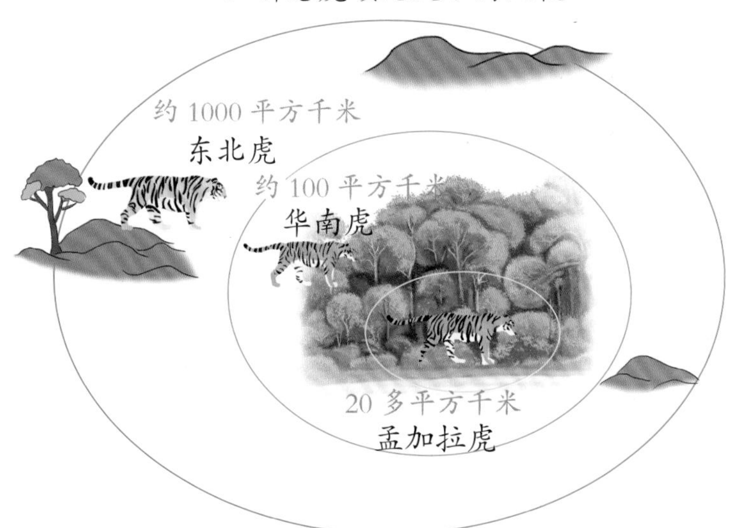

雄性东北虎的领地可以达到 1000 平方千米，雌虎的也有 400 平方千米左右。这是因为它们生活的区域气候寒冷，猎物的数量比较少也比较分散。

探索 早知道

一只雄虎的领地往往比雌虎的领地大得多，有时会覆盖 1~2 只雌虎的领地。外来的雄虎也会抢占雌虎的领地，并且杀死雌虎原来生的幼崽，让雌虎提前进入交配期，尽快繁育出自己的后代。

决斗吧！

东北虎为了保护领地，会一点也不客气地攻击入侵者。而一旦战败，就会被逐出自己的家园。

小老虎是怎么成长和学习捕猎本领的呢？

一年之中，虎爸爸和虎妈妈只会短暂地在一起生活大约 1 周的时间，一旦虎妈妈怀孕，虎爸爸就会离开。3~4 个月后，虎妈妈会生下 2~3 只虎宝宝，它们会在虎妈妈的哺育下长大。6 个月后，小老虎们断奶了，会跟着虎妈妈出去捕猎，学习埋伏、跟踪、追扑和撕咬等本领。虎妈妈常常陪着孩子们嬉闹，还时不时地带回一些活的小动物，让它们进行实战演练。小老虎会在妈妈身边生活 15~18 个月，在它们离开前，会帮着妈妈一起捕猎，过着短暂的群居生活。一般不到 2 岁，小老虎就得离开虎妈妈独立生活了，雌性小老虎常在虎妈妈的领地附近建立自己的领地，有的甚至会直接继承虎妈妈的领地，而雄性小老虎的领地会离虎妈妈的较远，有时它们会到千里之外建立自己的领地，这有利于防止近亲繁殖。

6 个月的时候，小老虎就开始跟着虎妈妈学习各种捕猎本领了。

出生头 1 个月里，虎宝宝只能待在虎穴里。一旦有危险，虎妈妈就会叼着它们转移到其他巢穴里。

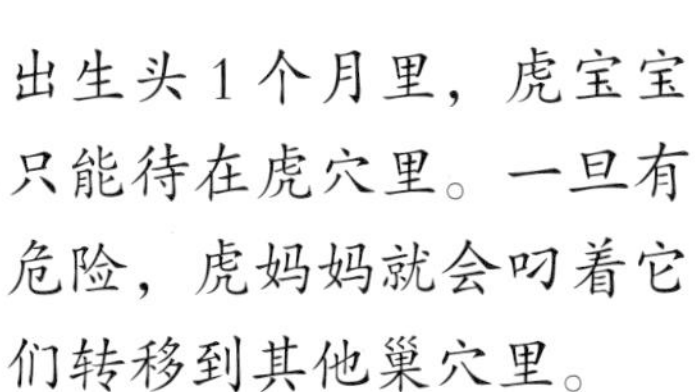

刚出生的虎宝宝看不见也听不见，2~4 周后视觉和听觉发育完善，也学会摇摇晃晃地走路啦。

两三个月大的小老虎十分好动，它们会在玩耍打闹中学习各种本领。

好好练习哦……
探索 早知道
老虎是没有固定巢穴的，虎妈妈即将要生小宝宝时，会找两三处较隐蔽且周围有很多猎物的地方来当巢穴，如岩石缝、山洞、草丛深处、大树洞等。虎妈妈会叼来一些草或树枝铺在地上，做成十分简易的窝。等虎宝宝们能跑能跳了，它们就会离开啦。
小雄虎要比小雌虎更爱跑出去冒险，并常因此而丧命，所以生存下来的数量反倒比雌虎少。一般野生老虎的寿命最长能到 15 年。
小老虎长大也不容易啊！

老虎是不是像猫咪一样不喜欢游泳？它们真的不会爬树吗？

通常我们家养的小猫咪大多不喜欢洗澡，更不喜欢游泳。老虎可不一样。它们不仅很喜欢玩水，而且还是游泳健将，一口气能游 6~7 千米。当天气闷热时，老虎喜欢躺在溪流或泡在池塘里来降温，小老虎更是喜欢在水里嬉戏打闹。老虎能在水里进行捕猎，也能毫不费力地游过宽阔的河流去追踪猎物。

老虎当然也会爬树，尤其小老虎爬起树来更不含糊。老虎通常捕食地面上的猎物，但有时为了偷吃鸟窝里的鸟蛋、还不会飞的雏鸟或者藏在树上的其他动物，它们也会爬树。不过，因为成年老虎体重过大，爬树有可能会弄伤自己的尖爪子，而且从树上下来也不容易，所以，它们轻易是不会爬树的。

幼虎正在戏水

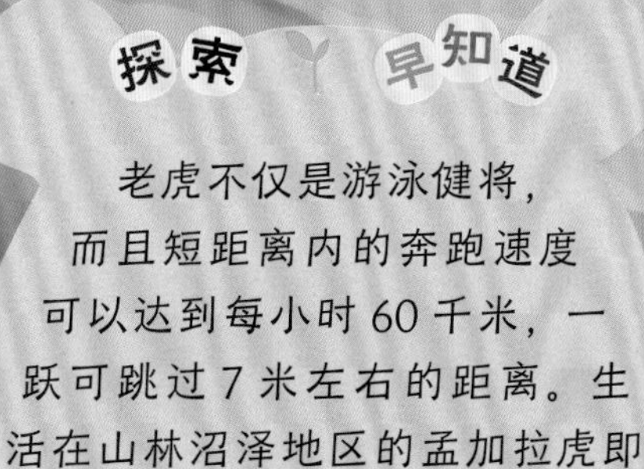

探索 早知道

老虎不仅是游泳健将，而且短距离内的奔跑速度可以达到每小时 60 千米，一跃可跳过 7 米左右的距离。生活在山林沼泽地区的孟加拉虎即使在水中，也能进行捕猎。只不过老虎的耐力不是很好，如果短时间追不上猎物，就会放弃。

老虎偶尔也会爬树

老虎是优秀的
游泳健将，可以
轻松地游过江河
湖泊。

老虎只生活在森林中吗？

老虎的栖息地非常广泛，它们不仅仅生活在森林中，也能生活在芦苇丛和沼泽地中。不过，老虎最喜欢生活在树丛茂盛、水源充足的地方。东北虎主要生活在西伯利亚和我国东北寒冷地区的落叶林和针叶林中，也常常出没于矮林灌丛和岩石较多的山地；而孟加拉虎、东南亚虎、马来亚虎、苏门答腊虎都喜欢生活在热带地区幽深的雨林、河口的红树林，以及沼泽地的草丛里。老虎最不喜欢干旱炎热的环境，这也是非洲大草原上没有老虎的原因之一。

北方雪国的老虎　　热带雨林中的老虎　　沼泽地草丛中的老虎

老虎的适应能力很强，曾经有人为了做实验，将几只老虎运到了非洲大草原，结果，它们不仅很好地生存了下来，甚至连当地的狮子也不是它们的对手。
“草原之王”的称号会不会被老虎夺得了呢？
它们应该不喜欢那里的气候。
老虎的适应能力很强，有些生活在沼泽地的老虎甚至能在水中捕鱼吃呢。

老虎和狮子谁更厉害？

在野外，老虎和狮子生活在不同的地方，很难碰面。即使是亚洲狮，它们生活的印度吉尔国家森林公园中也见不到野生老虎。不过，我们还是可以从以下几方面来比较一下：首先，雄性东北虎是目前所有野生猫科动物中体形最大的；雄狮的体形要小一些，它们之所以看着很威风，主要是因为有一头蓬松的鬃毛。其次，老虎是“独行侠”，具有很强的独自捕猎能力，其咬合力、掌力、追捕速度都很厉害，跳跃、爬树、游泳等无不擅长；狮子是群居动物，主要靠群体捕猎，而且捕猎时以雌狮为主力，雄狮独自捕猎的能力无法和老虎相比。另外，根据科学家的研究，老虎捕猎时比狮子更为灵活机智。如果体形相差不多的成年雄虎和成年雄狮单挑的话，雄狮大多会失败。所以，老虎不愧是“百兽之王”。不过，如果单只老虎遇上狮群，当然不是它们的对手，狮子还可以继续当“草原之王”。

在山林中，有限的空间和复杂的地形使得猎物容易隐蔽和逃脱，这逼得老虎练就了高超的猎杀本领。

老虎和狮子的比较

个头	老虎的平均个头比狮子的大。
前肢	老虎的前掌比狮子的大，其掌击的力量也大于狮子。
后肢	老虎的后肢力量强大，可以完全直立起来，而狮子只能半直立。
弹跳力	老虎能跳 2~3 米高，雌狮大约能跳 1.8 米高，雄狮跳得不高。
牙齿	老虎犬齿的长度比狮子的长，咬合能力要比狮子更强，捕食猎物时更容易成功。
速度	老虎冲刺速度比狮子快。
平衡力	老虎的平衡能力比狮子的强。

雄性东北虎（左）要比雄性非洲狮（右）的体形略大。

老虎的犬齿（左）要比狮子的（右）长。

老虎的尖爪（左）要比狮子的（右）长且粗。

狮子生活在广阔的平原上，适合发挥群体的力量来围捕猎物。

目前世界上有多少种老虎？

目前世界上的老虎属于同一种，但因分布地区和生活环境不同，这些老虎的体态会有一些不同。现在，全世界还有 6 个老虎亚种。

东北虎（西伯利亚虎）

目前世界上体形最大的老虎。主要分布在我国东北小兴安岭、长白山一带和俄罗斯的西伯利亚地区。

毛色比较鲜艳

身侧常有扁长的菱形纹

华南虎

我国特有的老虎亚种，但现在野外已几乎没有它们的踪迹了。曾分布于我国东南、西南、华南地区的森林中。

马来亚虎

2004 年才被确认的老虎亚种。分布于马来西亚和泰国境内。

六种老虎的大小比较

东北虎

体长约 2.8~3.5 米

孟加拉虎

体长约 2.7~3.1 米

东南亚虎

体长约 2.5~2.8 米

华南虎

体长约 2.1~2.6 米

马来亚虎

体长约 2~2.37 米

苏门答腊虎

体长约 2~2.34 米

孟加拉虎

体形第二大的老虎。主要分布于印度和孟加拉国。著名的白虎、雪虎等都是它们的变种。

毛色杏黄，间以背部深黑色条纹

身侧的菱形纹颜色深且明显

东南亚虎（印支虎、中印虎）

体形比孟加拉虎小一些。主要分布在东南亚、马来西亚半岛和我国西南一些地区。

身上的条纹较细，身侧的菱形纹窄长

毛色比孟加拉虎更深

苏门答腊虎

目前世界上体形最小的老虎亚种。分布于印度尼西亚的苏门答腊岛。

脸颊周围的毛比较长，很独特

毛色较暗，身上条纹比较密集

那些毛色不同的老虎

（一）白虎

我们白虎也叫孟加拉白虎，是孟加拉虎的变种，可不要以为我们得了白化病，这是孟加拉虎基因突变的结果。由于毛色过于显眼，很难在野外生存，这也是我们数量稀少的原因之一。1951 年，人们在印度首次发现并捕获了一只野生雄性白虎，取名为“莫罕”。通过一代代人工繁育，截至 2019 年世界上已有 200 多只白虎，且都是莫罕的子孙，并被饲养在印度、中国、美国、英国等地的动物园中。由于我们这些后代是近亲繁育的，所以存在很多问题，如眼睛患有斜视、身体畸形，甚至会过早死亡。哎，白虎也不好当啊。

白虎虽然看着非常可爱，但因为是近亲繁育的，所以其后代并不一定都是健康的。

（二）雪虎

我叫雪虎，是不是比白虎还要白？我是白虎的基因进一步变异的结果，如果在自然条件下，可能 10 万只老虎中才能出现 1 只雪虎，你说是不是很珍稀啊？

雪虎和普通老虎的毛色对比。

有，纯白虎也是孟加拉虎的白色变种，比雪虎还要白，身上几乎没有任何花纹。不过，纯白虎的数量极少，目前全世界仅发现过 2 只。

有没有纯白色的老虎呢？

（三）金虎

大家好，我是金虎，是孟加拉虎的金黄色变种，我觉得我是最帅气的老虎。不过我们金虎的数量非常少，人们一般都见不着我们的。

狮虎兽和虎狮兽

老虎和狮子都是动物界的王者，如果它们组成家庭，会生出什么样子的后代呢？人类还真的做了尝试，结果就有了我们狮虎兽和虎狮兽这两种自然界中并不存在的“人工”动物。我们不是自然的产物，有很多身体缺陷，很容易生病，寿命也不长，而且繁育后代的能力也很差。虽然我们是新奇的物种，但终究是“人工实验品”，并不是真正的野生动物。

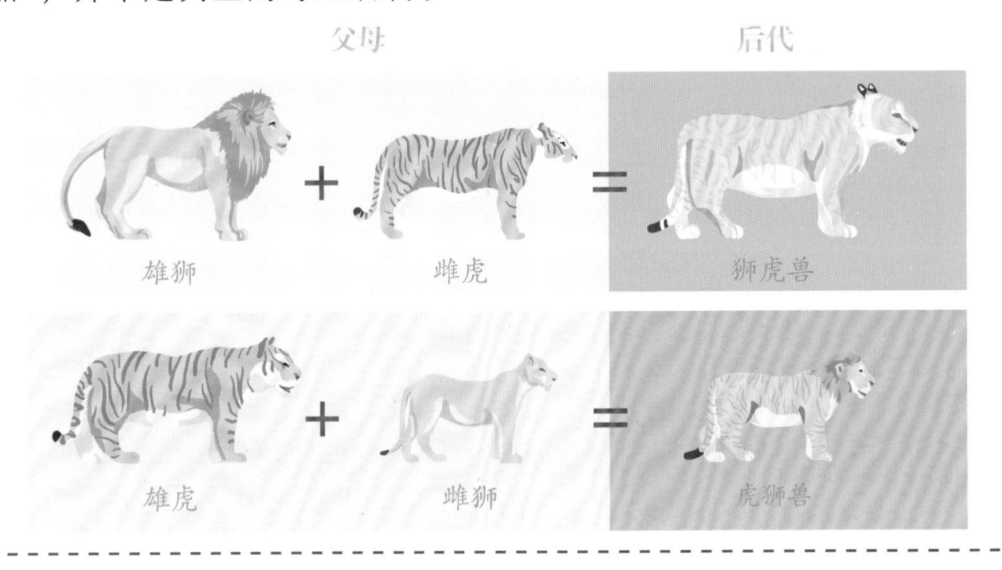

嘿，我是狮虎兽。我像狮爸爸一样，喜欢群居生活，又像虎妈妈一样擅长游泳。因为虎妈妈和狮爸爸的体形差不了多少，所以当我在虎妈妈的体内发育时，我就有足够的发育空间，出生后也比较强壮。可是，因为父母不是同种，基因不匹配，我常会得“巨大综合征”，成年后的个头会十分巨大，体重也要比虎妈妈或狮爸爸重得多，可以说是世上体形最大的猫科动物了。

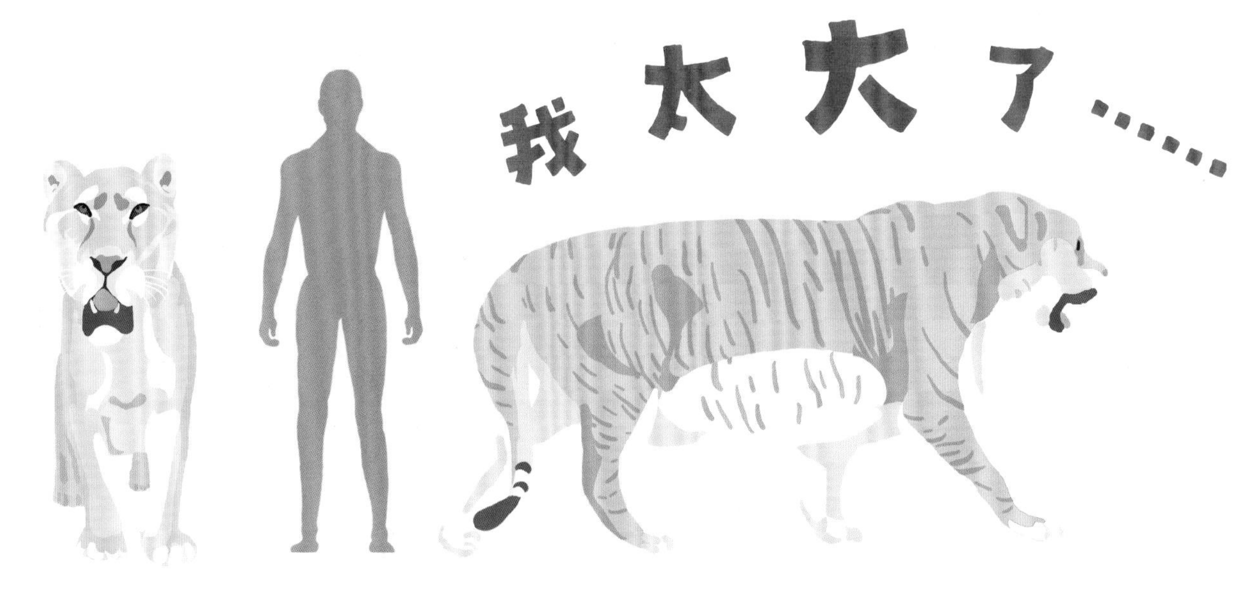

狮虎兽的体形大得十分吓人。

你们好，我是虎狮兽。我的性格像虎爸爸，比较凶猛，喜欢独来独往。因为狮妈妈比虎爸爸的体形小很多，所以当我在狮妈妈的体内发育时，我的生长就很受限制，出生后会有“矮小综合征”，而且也体弱多病，很难存活，大部分都活不过几个月，好不容易长大了，体形也会比父母小一些。

体形较小，头和身体长得像虎爸爸，雄性的颈部鬃毛较明显

目前研究表明雄性不能繁育，只有雌性可育。人们曾将雌性狮虎兽与雄狮配对，生出狮狮虎兽；与雄虎配对生出了虎狮虎兽。雌性虎狮兽也与雄狮生出了狮虎狮兽。但它们只是“人工实验”的产物，十分脆弱。

狮虎兽和虎狮兽会有后代吗？

虎贲和虎威

老虎自古就被认为是“百兽之王”，是古人崇拜的对象。因为老虎十分凶猛，所以古时候人们常把军中骁勇之人或猛士称作“虎贲(bēn)”。“贲”的意思是奔走、快跑。汉代时，设置虎贲郎这一官职，并以虎贲中郎将为统领，率领虎贲中郎、虎贲侍郎、虎贲郎中以及节从虎贲，是皇帝禁卫武士，负责专门保卫皇帝的安全。

“虎威”一词多用来形容武将威武的气概如同老虎般凶猛，也比喻威武的英雄气概。根据《酉阳杂俎》中的记载，虎威是一种虎骨的名称，其形状如同“乙”字，当官的人佩戴着虎威这种骨头就会官运亨通，这引起了那些未当官者的嫉妒。

调动千军万马的虎符

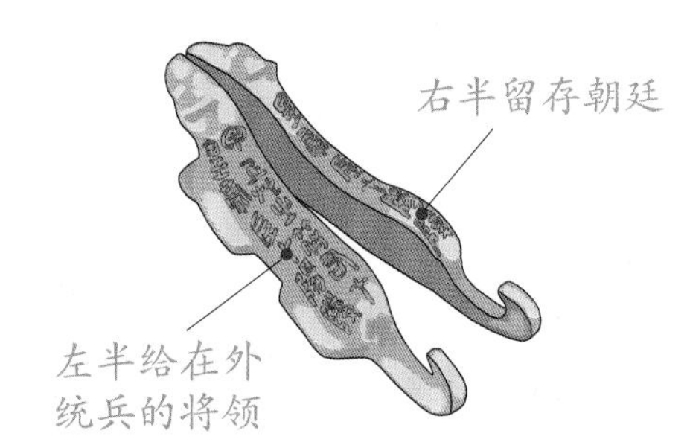

虎符（秦朝）

老虎威严、勇猛的形象自古就很受人们的崇拜，人们还把作战勇猛的将士称为“虎将”，而人们在调动军队时，所使用的调兵凭证也铸成虎形，称为“虎符”。

虎符最早出现在春秋时期，是一种用铜铸成虎形的令牌。虎符背面有铭文，纵向分为两半，左边一半由在外统兵的将帅执有，右边一半留存朝廷。当皇帝想调动兵马时，便会派人持右半边虎符前往兵营，两半虎符的铭文能合在一起，军队才会听命调动。

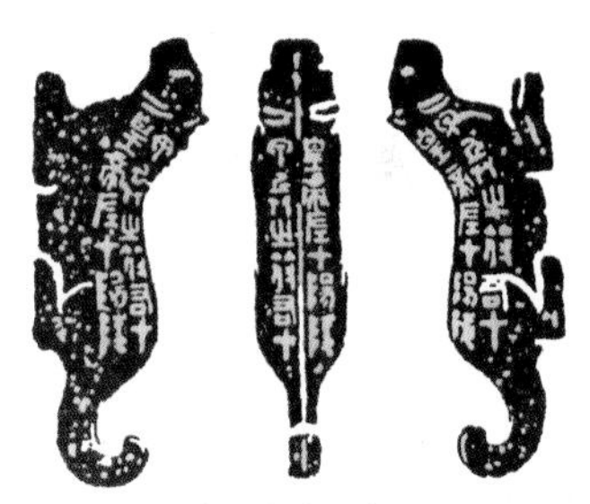
虎符背面刻有篆文：甲兵之符，右在皇帝，左在阳陵

虎符拓本

战国时期，秦国攻打赵国，赵国向魏国求救。魏王让军队集结在边界上，却迟迟不出兵相救。魏国信陵君想救赵国，于是说服魏王的宠妃盗取了魏王卧室中的虎符，用它调兵遣将，最终解救了赵国的危难。这就是著名的“窃符救赵”的故事。

百兽之王的传说

虎为十二生肖之一，位列第三，而相应的十二地支中的第三位为寅 (yín)，所以又被称为寅虎。传说，最初的时候狮子为生肖之一，而老虎则不是。玉帝认为狮子性格凶残、名声不好，所以想把它从生肖中除名，但这就需要补进一位能掌管山林的动物，于是玉帝想到了殿前虎卫士。老虎原是山林中一种普通动物，后来向猫学习本领，渐渐称霸山林，玉帝听说老虎的威名后就召它上天当了殿前虎卫士。

后来，玉帝听说狮子、熊、野猪等动物在人间胡作非为，给人们造成了灾难，于是派老虎前去教训它们。老虎请求自己每胜一次，便记一功，玉帝答应了。老虎来到人间后，凭着勇猛和高超的武艺接连打败了狮子、熊和野猪这些厉害的动物，其他动物见此纷纷躲在深山之中，再也不敢出来作乱了。玉帝知晓后十分高兴，就在老虎的前额画了三道横线以记三功。不久，人间又受到东海龟怪的骚扰，老虎又降临人间，咬死了龟怪。玉帝又给老虎记了一功，在三道横线之间再添一道竖线，一个醒目的“王”字便出现在老虎的前额上。从此，老虎便成了“百兽之王”，负责管理各种动物。因此玉帝在选择十二种动物当生肖时，也把虎放在其中了。

杨香扼虎救父

晋朝时，山东有个叫杨香的女孩。在她14岁时，有一天和父亲杨丰一起去田里收稻谷，但半路上突然蹿出一只猛虎，老虎将杨丰扑倒后拖走。这时杨香又急又怒，可手里却没有武器，她一心只想救出父亲，于是不顾自己的安危就跳上虎背，拼命用手扼住老虎的喉咙，期间任凭老虎怎样挣扎坚决不松手。老虎因为喉咙被扼住，呼吸变得困难，最后只能松开口放下杨丰，瘫在地上喘息。杨香和父亲趁机逃脱，最终都幸免于难。杨香只是一个小姑娘，却能徒手搏虎，从虎口中救出父亲，她的孝心和勇气令世人赞叹。

在《水浒传》里，老虎又被称作“吊睛白额大虫”。“虫”这个汉字，古时泛指动物。“大虫”顾名思义就是一种体形巨大的动物，再配以白额头，以及一双看似向上斜吊着的凶狠的眼睛，这样描述老虎是不是很形象？

杨香真勇敢啊，快赶上武松了。

虎头鞋的传说

在民间，一些地区有这样一种风俗，那就是姑姑需要做3双分别为蓝色、红色、紫色的虎头鞋送给侄子，寓意孩子平安长大。那么，这种风俗是怎么来的呢？

传说，以前黄河岸边有一个摆渡的船工，他心地善良。有一天，他帮助一位老奶奶解决了困难。为了感谢他，老奶奶送了一幅画给他，画上是一位正在绣虎头鞋的姑娘。他将画挂在自己的屋里，没想到，画上的姑娘从画中现身，变成了真人。原来她是天帝的女儿，被船工的善良打动，下凡来和他成亲的。他们在一起生活得很幸福，还有了儿子小虎。可没过几年，当地县官听说船工的妻子很美丽，想把她抢回去。为了不屈从县官的逼迫，天女只能回到了画中。县官便将画抢了回去，可是任凭他对着画说了多少甜言蜜语，天女也没有从画中现身。

小虎在家里天天哭着要妈妈，老奶奶听说这事后告诉船工，小虎的姑姑可以给小虎做一双虎头鞋，小虎穿上后就能找回妈妈了。小虎的姑姑连夜做好了虎头鞋，小虎一穿上便身轻如燕，飞快地跑到县衙里。见到县官后，一双虎头鞋马上变成了两只大老虎，扑上去咬死了县官。这时，天女才从画中现身，和小虎高高兴兴地回家了。从此以后，姑姑给侄子做虎头鞋的风俗也流传下来了。

除了虎头鞋，虎头帽也很威风，它是一种民间的童帽样式，常用青色、蓝色、粉红色布料缝制而成，再用五彩丝线绣上老虎的五官，虎耳之间绣“王”字。整个帽子的造型就像一个虎头，不仅可以保暖，还十分可爱。你有没有一顶虎头帽呢？

名诗中的虎

猛虎行

唐·张籍

nán shān běi shān shù míng míng，měng hǔ bái rì rào cūn xíng。
南山北山树冥冥，猛虎白日绕村行。

xiàng wǎn yī shēn dāng dào shí，shān zhōng mí lù jìn wú shēng。
向晚一身当道食，山中麋鹿尽无声。

nián nián yǎng zǐ zài shēn gǔ，cí xióng shàng xià bù xiāng zhú。
年年养子在深谷，雌雄上下不相逐。

gǔ zhōng jìn kū yǒu shān cūn，cháng xiàng cūn jiā qǔ huáng dú。
谷中近窟有山村，长向村家取黄犊。

wǔ líng nián shào bù gǎn shè，kōng lái lín xià kàn xíng jì。
五陵年少不敢射，空来林下看行迹。

冥冥：昏暗的样子。这里指树林茂密。

向：临近。

子：指幼虎。

译文 山南山北的树林茂密幽深，凶猛的老虎在白天围绕村子巡行。临近傍晚时就独自在道路上捕食，山中的麋鹿都不敢发出半点动静。老虎每年都在深谷中繁衍下一代，雌虎雄虎在山中团结一气。山谷中虎洞附近有一个小山村，老虎经常跑到村民家捕猎小黄牛。那些号称豪侠的少年英雄也不敢射杀它们，只敢空对着林子中老虎留下的脚印来回看。

诗意 这是一首寓言诗，用猛虎危害村民，暗指社会上的恶势力。前两联形象生动地描写了猛虎居于茂密的山林中，白天到处游荡巡视，到了傍晚就开始捕猎，吓得动物们都不敢有半点动静。诗人用威风的老虎比喻恶势力，用其他动物来比喻百姓。在恶势力的欺压下，百姓们只能战战兢兢、忍气吞声地生活。中间一联描写老虎年年养后代，雌雄互相勾结，比喻恶势力广泛的社会关系以及官官相护的现象。后面又接着描写老虎到附近山庄捕食农家的小黄牛，来实写恶势力用残酷手段虐害人民，致使民不聊生的情形。最后两句，用只会空谈却不敢射虎的豪侠来讽刺朝廷虚张声势、故作姿态的样子，含有辛辣的嘲讽意味。

名画中的虎

《蜂虎图》

清·华喦

华喦 (yán) 是清朝康熙年间一位非常著名的画家，特别擅长画花鸟走兽等。他虽然生活贫困，但始终勤学苦练、不断磨炼自己的画技。《蜂虎图》是华喦最出名的画虎真迹，出自《华喦写生册》。这幅画里的老虎一点儿都不威风，反倒像只胆小的病猫。这是怎么回事呢？我们一起来仔细看看吧。

画中的老虎蜷缩着身子、脑袋低垂、左爪捂脸，看上去垂头丧气。画面右上方的枝头上有一只野蜂正振翅而立，似乎又要发动攻击。原来，老虎是被野蜂蜇了，威风不起来了。

图册　纸本　纵 20.2 厘米　横 25.6 厘米
现藏中国台北故宫博物院

《画虎》

（又名《高岗独立》）

近代 · 张善子

张善子先生是大画家张大千的二哥，以画虎著称，是我国近代画虎第一人，被称为“画虎宗师”。他曾亲自养过一只虎，每天观察老虎的神态，大大提升了自己的画虎技法。大约在 1925 年，他和弟弟张大千在上海以“大风堂”为画室命名，后来开始收徒传艺，现在已拥有海内外弟子数百人，被称为“大风堂画派”。这幅《画虎》是张善子送给友人的画作，充分展现了画家高超的画虎技法。

左上为画家亲笔题诗：独立高岗上，滔滔万里流。长空时一吼，风雨撼西州。

画面中一虎立于山岩之上，身旁涧水奔涌而下。老虎侧身怒目张口，低声咆哮，似乎下一刻就会腾跃而起，冲向对面的敌人。画家写意挥毫，生动地描绘出了老虎慑人的气势。

立轴　纸本　纵 135 厘米　横 66 厘米
现藏中国台北故宫博物院

成语故事中的虎

为虎作伥

唐朝，有一个名叫马拯的人来到衡山，拜访当地有名的伏虎禅师。他遇到了山人马沼，并从他嘴里得知伏虎禅师竟然是一个虎妖，还吃掉了自己先前打发去买东西的仆人。马拯决心为民除害，便和马沼合力杀死了虎妖，连忙跑下山去。

途中，他们遇到一个猎人在设置捉老虎的弩箭。猎人说现在有很多暴动的老虎，就让他俩躲到安置在树上的棚子里。等二人刚爬到树上安定下来，就看见有一队或是妇人或是僧人或是道人等的伥鬼走来为老虎开道。伥鬼们看到所设置的弩箭感到气愤不已，于是触发弩箭机关后才离去。

伥鬼是由被老虎吃掉的人变成的，他们不思报仇，反而替老虎开道。猎人利用弩箭杀死了老虎，伥鬼们大哭不止。马拯和马沼十分生气，怒斥他们做鬼都糊涂，被老虎吃掉了反而还帮老虎害人。

故事小启示

这个故事告诉我们，要与黑恶势力做斗争，不能帮助恶人做坏事，成为帮凶，否则就会害人害己。

三人成虎

战国时期，魏、赵两国结盟，互派本国太子为对方人质。魏国大臣庞葱要陪太子去赵国当人质，临行前他问魏王：“如果有一个人说集市上有老虎，大王信吗？”魏王表示不信。庞葱又问：“如果第二人也这样说呢？”魏王表示自己会半信半疑。庞葱再问：“那第三个人也这样说呢？”魏王说自己会相信。庞葱说：“集市上没有老虎是一目了然的事情，但说有虎的人多了就会让人相信。谗言也是一样，我离开魏国后，议论毁谤我的人会很多，希望大王到时候明察。”魏王表示自己不会轻信他言。庞葱离开后，毁谤他的话不断传到魏王耳中，魏王最终相信了。等到庞葱陪太子返回魏国后，魏王便不再召见他。

故事小启示

这个成语告诉我们，对待人或事不要以为多数人说的就是正确的，而是要在进行多方面考察、调查研究之后，并以事实为依据再做出自己的判断。

不入虎穴，焉得虎子

东汉时，为了孤立匈奴，安定北方，班超被派遣出使西域的鄯(shàn)善国。当时的鄯善国总遭受匈奴的侵袭，常常需要送很多金银珠宝来换取短暂的和平。因此，得知大汉朝派使节来访，鄯善王非常高兴，热情款待班超一行人。

后来班超等人发现鄯善王对待众人的态度越来越冷淡疏忽。班超对他的部属说："肯定是匈奴派遣的使节也到了这里，鄯善王心怀犹豫才如此。"在验证匈奴使者果真来此之后，班超在召集众人宴饮时说："我们来到此地是为立大功、求富贵。而依据如今情形，不入虎穴则不得虎子！眼下，我们唯一的活路就是杀死匈奴使臣。今夜，我们就用火攻，把他们全部杀死。这样，鄯善国才会与我们联合起来，我们也才能大功告成，把使命完成。"

深夜，班超带部属潜到匈奴营地。他们兵分两路：一路拿着战鼓躲在营地后面，一路手执弓箭刀枪埋伏在营地门前两旁。班超顺风点火后，响起击鼓呐喊声。匈奴人大乱，结果全被大火烧死或刀箭射杀。鄯善王得知匈奴使节惨死，吓得他立即答应把儿子送到汉朝当人质。自此，鄯善国全心全意地与汉军联合起来讨伐匈奴。

故事小启示

在这个故事里，如果班超不敢冒风险，便不会成功完成使命。其实这也在告诉我们，只有亲自去经历艰难的实践探索，才能获得真正的知识和成就。

谈虎色变

从前，有一个农夫曾被老虎咬伤过，深知老虎的厉害。有一次，人们在一起谈论老虎伤人的事件，别人听后没有受到惊吓而只是好奇，但农夫听后神情不同于众人，显得惊慌失措。

故事小启示

北宋著名的理学家程颐用这个故事来说明做学问的人只有亲身实践，才能获得真知的道理。后来人们用它比喻一提起曾身受其害的事情或人，心里就感到非常恐惧紧张。

一字一探索
遨游
汉语馆

虎的汉语乐园

学说词组

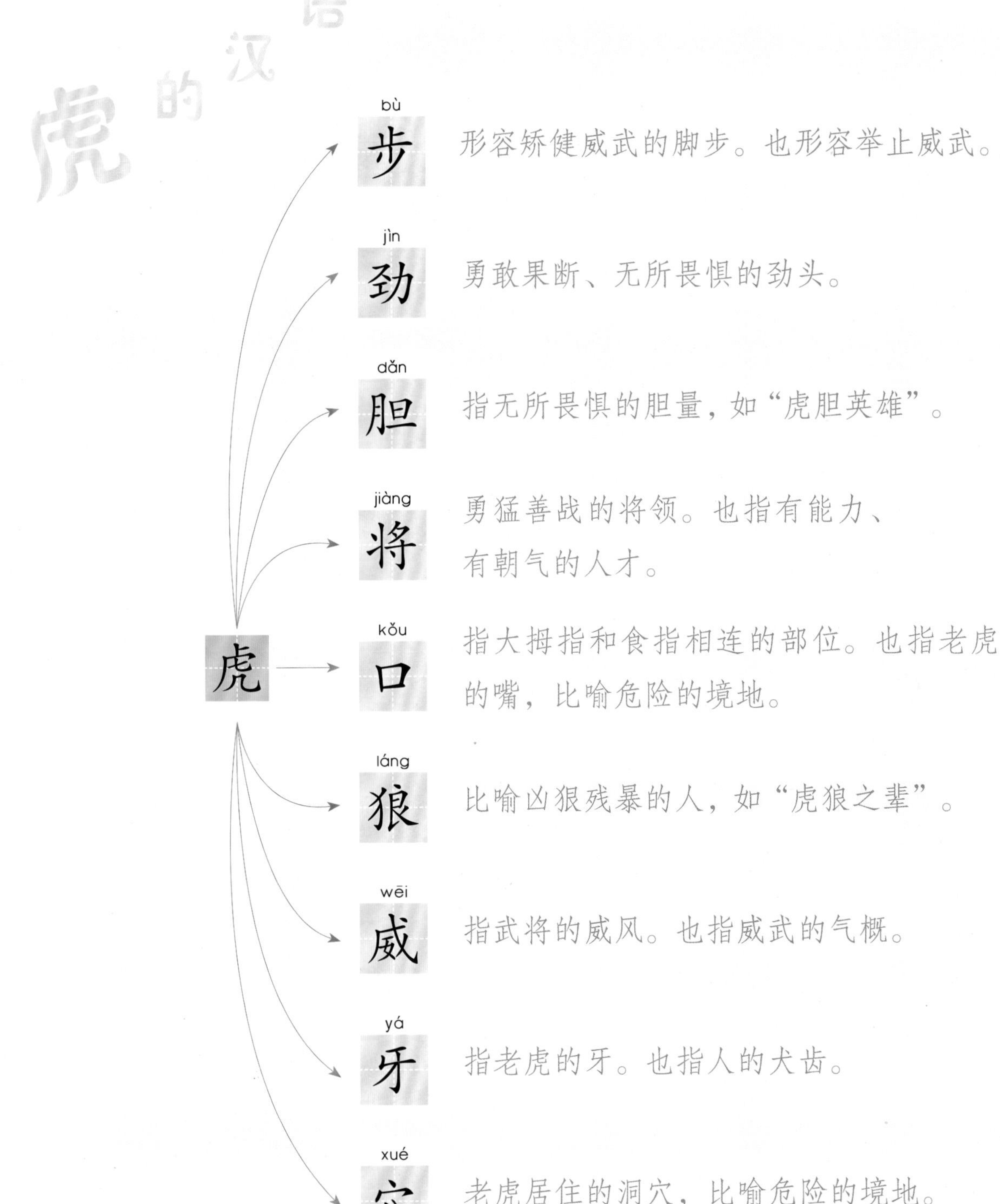
虎
bù 步 形容矫健威武的脚步。也形容举止威武。
jìn 劲 勇敢果断、无所畏惧的劲头。
dǎn 胆 指无所畏惧的胆量，如“虎胆英雄”。
jiàng 将 勇猛善战的将领。也指有能力、有朝气的人才。
kǒu 口 指大拇指和食指相连的部位。也指老虎的嘴，比喻危险的境地。
láng 狼 比喻凶狠残暴的人，如“虎狼之辈”。
wēi 威 指武将的威风。也指威武的气概。
yá 牙 指老虎的牙。也指人的犬齿。
xué 穴 老虎居住的洞穴，比喻危险的境地。

学说成语

hǔ tóu hǔ nǎo
虎头虎脑
形容健壮可爱的样子，多指儿童。

hǔ shì dān dān
虎视眈眈
像老虎那样凶狠地注视着。形容恶狠狠地盯着。比喻心怀恶念，想趁机夺取。

yǔ hǔ móu pí
与虎谋皮
谋：商量。同老虎商量，要剥下它的皮来。比喻所商量的事与商量对象（多指坏人）的切身利益完全对立，不可能办成。

hǔ tóu shé wěi
虎头蛇尾
头大如虎，尾细如蛇。比喻开始时声势很大，到后来却没劲头了，或做事有始无终。

diào hǔ lí shān
调虎离山
设法使老虎离开原来的山岗。比喻用计使对方离开原来的地方，以便乘机行事。

hǔ kǒu bá yá
虎口拔牙
从老虎嘴里拔牙。比喻深入极其危险的境地战斗，也比喻完成极其危险的事情。

qí hǔ nán xià
骑虎难下
骑在老虎背上很难下来。比喻做事遇到困难，但迫于形势又不能中途停止，陷于进退两难的境地。

zuò shān guān hǔ dòu
坐山观虎斗
坐在山上看两虎相斗。比喻对双方的争斗采取旁观的态度，等待两败俱伤时再从中取利。

hú jiǎ hǔ wēi
狐假虎威
假：借。狐狸假借老虎的威势。比喻借别人的威势吓唬人、欺压人。

学说谚语

独虎架不住群狼

一只老虎抵挡不住一群狼的攻击。指一个人再有本事，也抵抗不了很多人一起攻击。

画虎成猫，反落人笑

本来要画老虎，画出来却像猫，结果被大家笑话。比喻模仿别人失败，反而被讥笑。

画虎画皮难画骨，知人知面不知心

画老虎可以画出它的皮毛花纹，但要画出它的内在神韵就难了。了解一个人只能了解他的外表行为，却很难看透他的内心。

将门出虎子

将帅之门必定有忠义勇敢的后代。指有能力的人或有声望的家庭更容易培养出人才。

明知山有虎，偏向虎山行

明明知道山上有老虎，却偏要往山上走。比喻明知有危险，但毫不畏惧。鼓励人们，遇到困难，要迎难而上，不要畏惧退缩。

前怕狼，后怕虎

比喻胆小怕事，顾虑重重。

人凭志气虎凭威

人要做出一番成就，凭借的是冲天的豪气，就像老虎凭借凛凛威风的气势在百兽中称王一样。

山中无老虎，猴子称大王

比喻出色的人物不在了，原本没才能平庸的人就变得威风起来了。

学说歇后语

初生牛犊——不怕虎

牛犊：小牛，也叫牛犊子。刚出生的牛犊不了解老虎的本领，因此一点都不害怕它。比喻年轻人思想上较少顾虑，毫不畏惧，敢作敢为。

程咬金的三斧头——虎头蛇尾

比喻开始时声势很大，到后来劲头就小了，有始无终。

放虎归山——后患无穷

比喻放过敌人的话，日后的祸害及忧患没有穷尽。

狗给老虎搔痒痒——好心没好报

狗为了讨好老虎去给对方搔痒，最后难逃被老虎吃掉的下场。比喻诚心做好事却不落好，反遭对方的误解或伤害。

骑到老虎脖子上——下不来

比喻做事中途遇到危险困难，却又迫于形势不能停止。

纸糊的老虎——吓不倒人

比喻没有实力，只会虚张声势，不会使他人感到害怕。

二虎相争——必有一伤

两只老虎争斗起来，结果必然会有一只受伤。比喻实力都很强的两方发生争斗，结果必有一方受到损伤。

色彩消失啦

老虎身上漂亮的花纹模拟的是阳光的投影，所以猎物会将老虎和丛林混为一体，发现不了它们。那么，我们的眼睛是不是也会出现视觉混淆的情况呢？现在，我们做一个彩色陀螺的小实验，看看在人眼中色彩是怎么消失的吧。

实验材料

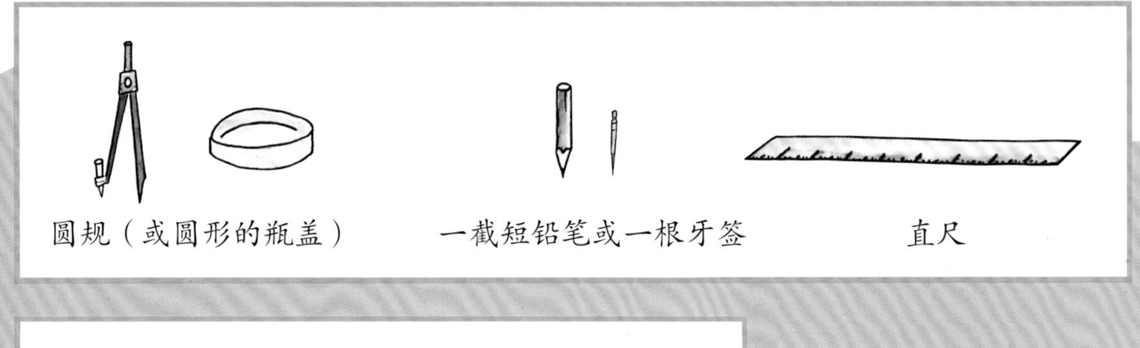

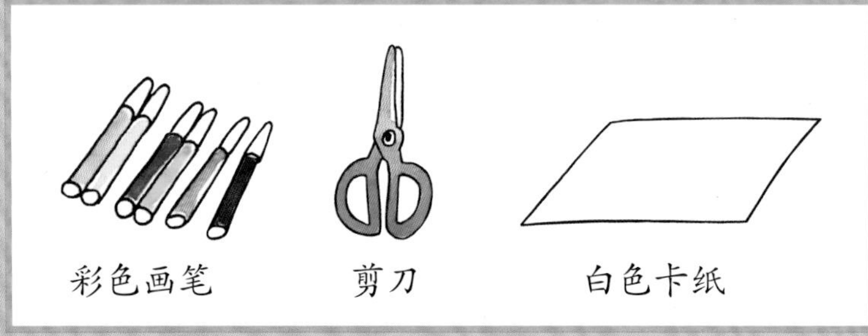

实验步骤

1. 用圆规在卡纸上画出一个半径5厘米（直径10厘米）左右的圆，也可以沿着差不多大小的圆形瓶盖画出一个圆。

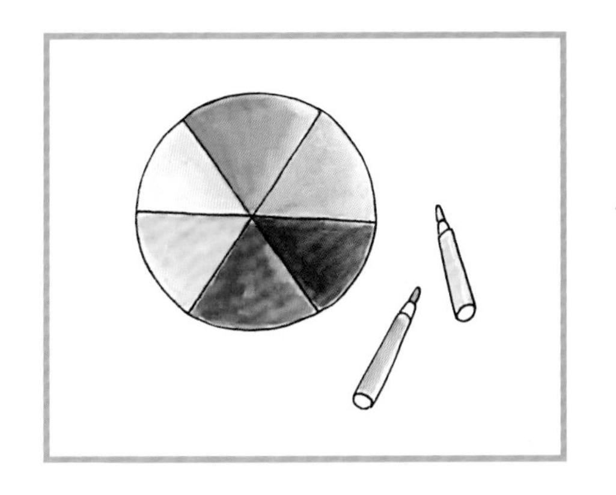

2. 将直尺放在经过圆心处，将圆分成六等份。用六种不同颜色的彩笔分别涂满这六个小扇形。

3. 在圆心开个小孔，将一截削尖的短铅笔从圆盘中心穿过去。也可以直接用牙签扎穿圆心，但牙签容易断，旋转效果不太好。

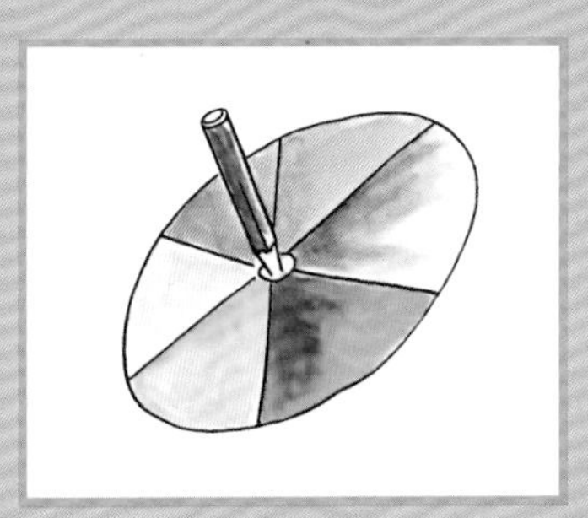

4. 像玩陀螺一样，握住铅笔或牙签，让圆盘在桌面上旋转起来，看看圆盘上这些不同的色彩会发生什么变化？

实验结论

随着圆盘的旋转，你是不是发现原本鲜艳的色彩像中了魔法一样，全部消失了？整个圆盘变成了一种灰白色，如果转速更快的话，甚至成为白色。

其实，我们平时看到的太阳光是由七种不同颜色的单色光组成，而圆盘上的这些颜色和组成可见太阳光的几种颜色差不多，当圆盘旋转时，我们的眼睛在一瞬间接受了不同的颜色，但眼睛又跟不上圆盘的速度，所以会产生视觉的延迟，结果各种颜色混杂在一起，给大脑传递的信息就是灰白色或白色，就像可见太阳光一样啦。

老虎知识大挑战

1. 东北虎是目前野外最大的（　　）动物。

   A.陆生动物　　B.猫科动物　　C.哺乳动物

2. 老虎一身“花纹大衣”，是为了（　　）。

   A.好看美观　　B.找到朋友　　C.在野外隐藏自己的身体

3. “一山不容二虎”的原因之一是老虎需要（　　）。

   A.充足的猎物　　B.安静的睡觉　　C.大声的吼叫

4. 老虎喜欢捕食大型食草动物，常采用（　　）的方法。

   A.追着猎物不停地跑　　B.悄悄靠近，然后突然出击

5. 老虎在炎热的天气里，喜欢（　　）。

   A.跑步运动　　B.吐舌头散热　　C.泡澡

6. 白老虎、雪虎都是（　　）的变种。

   A.东北虎　　B.孟加拉虎　　C.华南虎

老虎知识大挑战答案

1 B　2 C　3 A　4 B　5 C　6 B

词汇表

栖息地（qīxīdì） 动物能找到食物，并能休息睡觉，还可以防御捕食者的地方。

亚种（yàzhǒng） 生物分类上种以下的分类单位，用于种内在某些形态特征、地理分布等方面有差异的群体。

进化（jìnhuà） 特指生物由简单到复杂、由低级到高级而逐渐演变的过程。

灭绝（mièjué） 彻底消灭或消失，不再存在了。

犬齿（quǎnchǐ） 门牙两侧长而带尖的牙齿。

猎物（lièwù） 指被猛兽捕猎的动物，或指人类的狩猎对象。也比喻获取、占有的对象。

阴影（yīnyǐng） 光在沿着直线传播的过程中，遇到不透光的物体就会形成一个较暗的区域，也就是我们所说的“影子”。

伏击（fújī） 事先隐藏起来，等待机会袭击敌人。也指不发出声响，偷偷袭击猎物。

匍匐前进（púfú qiánjìn） 身体贴近地面以手臂和腿的力量推动身体前进的运动方式。

实战演练（shízhàn yǎnliàn） 像实际作战那样进行练习。

沼泽（zhǎozé） 指低洼积水、水草茂密的泥泞地带。

健将（jiànjiàng） 古代指打仗时勇猛善战的将领。现在也比喻某种活动中的能手。

红树（hóngshù） 一种生长在热带和亚热带海滨地区的四季常绿的树木，属高大乔木，其根部伸入地下可以保护海岸的泥土不被海水冲走，也可以减轻潮水对海滩的冲击。

单挑（dāntiǎo） 常指双方进行一对一的挑战，而最终只有一方能成为胜利者。

白化病（báihuàbìng） 指因身体中缺乏某些色素，使得皮肤呈现出白色或浅红色，毛发也变成银白或浅黄色的一种病症。

图书在版编目（CIP）数据

威风的虎大王 / 小学童探索百科编委会著；探索百科插画组绘 . -- 北京 : 北京日报出版社 , 2023.8

（小学童 . 探索百科博物馆系列）

ISBN 978-7-5477-4410-9

Ⅰ . ①威… Ⅱ . ①小… ②探… Ⅲ . ①虎—儿童读物 Ⅳ . ① Q959.838-49

中国版本图书馆 CIP 数据核字 (2022) 第 192912 号

威风的虎大王
小学童 . 探索百科博物馆系列

出版发行：北京日报出版社
地　　址：北京市东城区东单三条 8-16 号 东方广场东配楼四层
邮　　编：100005
电　　话：发行部：（010）65255876
总编室：（010）65252135
印　　刷：天津创先河普业印刷有限公司
经　　销：各地新华书店
版　　次：2023 年 8 月第 1 版
2023 年 8 月第 1 次印刷
开　　本：889 毫米 ×1194 毫米　1/16
总 印 张：36
总 字 数：529 千字
定　　价：498.00 元（全 10 册）
